U0159358

小神童·科普世界系列

揭秘微生物

赵霞 ◎ 编著

浙江摄影出版社
全国百佳图书出版单位

神奇的微生物

微生物广泛分布在自然界中，包括细菌、病毒、真菌等。其中，绝大多数个体我们无法用肉眼观察。

如果想要看清微生物，人们需要借助光学显微镜或电子显微镜。有的微生物对人体有害，但有的微生物却是人类身体健康的保障，真是太神奇了！

哈，原来微生物长这样！

细菌的成员相当多，已记载有 7000 余种。它们的身材多种多样，有螺旋形、球形、杆形……

真菌也是一种微生物。许多真菌聚在一起，我们可以看见它们。你知道有的真菌是重要的食物来源吗？冬菇、草菇、木耳等都是真菌。但是，有的真菌会捣蛋，让动植物生病呢！

在微生物大家族中，病毒最小了！病毒没有细胞结构，不能独立生存，必须生活在其他生物的细胞内才行。

3

可爱的益生菌

庞大的细菌家族可分为益生菌和有害菌。益生菌很可爱，能够给宿主提供帮助。

瞧，在我们身体的肠道里，生活着许许多多的益生菌。

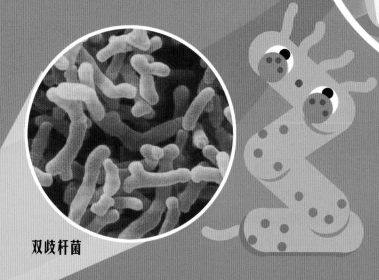

双歧杆菌

这些益生菌有哪些作用呢？益生菌可以帮助人体消化食物，促进营养的吸收。

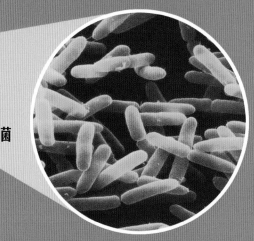

乳酸杆菌

益生菌能够提高植物对磷、钾等营养元素的吸收，帮助植物成长。益生菌还能抑制病菌的繁殖，让植物更健康。

往牛奶中加入适量的乳酸杆菌，经过发酵，牛奶就变成可口的酸奶啦！

益生菌还能帮助我们做家务呢！清洁剂里的益生菌可以抑制产生臭味的微生物，净化水源。

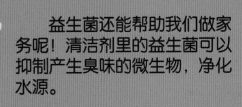

有害菌真讨厌

有害菌很淘气，喜欢恶作剧，会让人生病。快来找一找，它们住在哪里？

牙齿上的有害菌会分解食物残渣，释放酸溜溜的物质，损坏我们的牙齿。

啊，我变成蛀牙了！

结核杆菌喜欢通过人体的呼吸道，来到肺部。它们能让肺部感染，引发肺结核，真是大坏蛋。

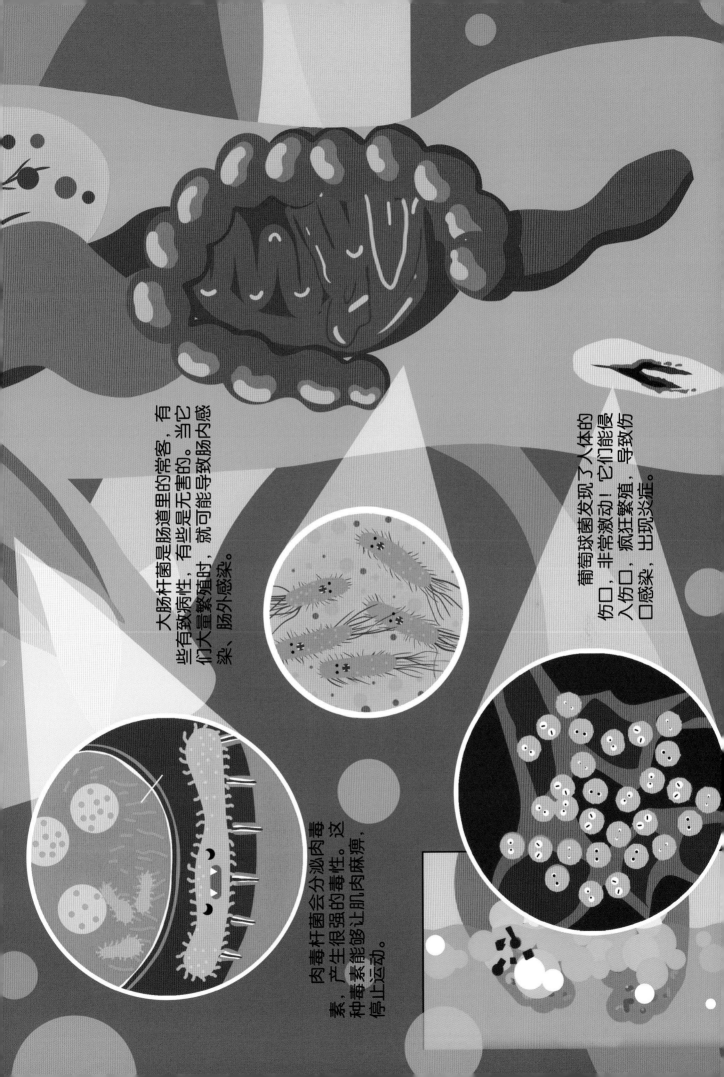

大肠杆菌是肠道里的常客，有些有致病性，有些是无害的。当它们大量繁殖时，就可能导致肠内感染、肠外感染。

肉毒杆菌会分泌肉毒素，产生很强的毒性。这种毒素能够让肌肉麻痹，停止运动。

葡萄球菌发现了人体的伤口，非常激动！它们能侵入伤口，疯狂繁殖，导致伤口感染、出现炎症。

奇特的细菌繁殖

繁殖可以让生命延续。动物、植物和微生物有着不同的繁殖方式。其中，细菌的繁殖方式十分奇特！

　　细菌最常见的繁殖方式是无性繁殖。细菌会通过一种叫作二分裂的"分身术"，壮大细菌家族。它们可以一分为二，变得越来越多。与其他生物相比，细菌的繁殖速度相当快，分裂一次仅需 20—30 分钟。

细菌的无性繁殖一般可分成四个步骤。

第一步，细菌开始忙碌地复制细胞核，并让自己变得长长的。

第三步，细菌加固那道"防护门"，让它变成坚硬的细胞壁。

3

第二步，细菌建造像小门一样的新细胞膜，准备把自己分成两半。

2

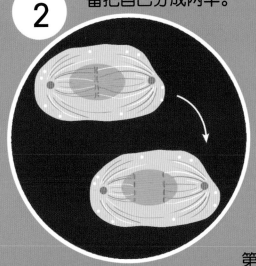

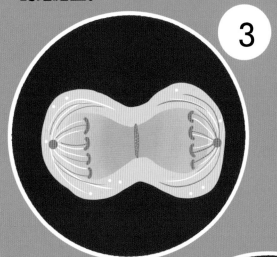

4

第四步，一个细胞变成两个，两个小细胞挥挥手和对方告别，就完成分裂啦！

球菌比较"机灵"，分裂时可以沿着一个或者几个平面分裂，所以可以出现各种各样的排列形态。

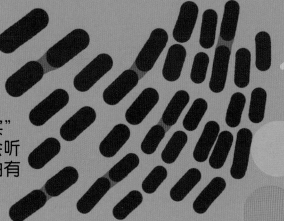

杆菌则"老实"一些，它一般都会听话地沿着一个横轴有序地分裂。

9

疯狂的病毒

病毒是一类可怕的微生物。它们虽然体积小，野心却很大，会给我们带来各种各样的麻烦。

病毒难以独立存活，它们需要寄生在活细胞中。自古以来，人类与病毒的大战就没有停息过。

病毒的体积非常小，比细菌还要小，我们只有用电子显微镜才能够观察它们。被病毒入侵的人可能会鼻塞、发烧、喉咙痛，甚至还有可能丢失性命！

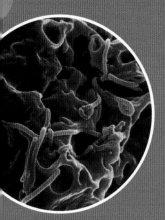

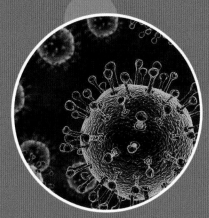

流感病毒
流感病毒的传染性很强！

埃博拉病毒
埃博拉病毒像一根弯曲的管子，这种病毒的致死率极其惊人。

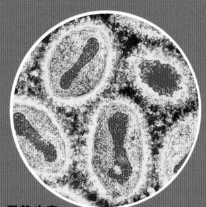

艾滋病病毒
人类免疫缺陷病毒（HIV）异常强大，能攻击人体的免疫系统，让人患上可怕的艾滋病。

天花病毒
天花病毒是历史上的"刽子手"，曾经夺走了好多人的生命。后来，人类打败了天花病毒。

病毒进入人体后，会想尽一切办法控制细胞，让它们成为自己的工具。贪婪的病毒会无情地抢走细胞中的营养，用于自己的复制。

病毒在细胞内疯狂地复制，壮大自己的队伍，把细胞变成一座座"病毒工厂"。

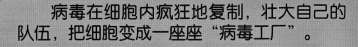

淘气的原生动物

原生动物大多能与人类和平共处。但是，有些原生动物却格外淘气，会跑到人体内捣蛋！

疟疾是一种可怕的病症，往往在热带国家更为常见，它就是由原生动物引起的。淘气的疟原虫是引发疟疾的"元凶"，它进入人体后四处搞破坏，让人十分不舒服。

疟原虫知道自己很难直接进入人体，就想到了乘坐蚊子这种"交通工具"。当蚊子叮着感染疟疾的人，疟原虫就会偷偷进入蚊子的体内。当蚊子叮下一个人的时候，疟疾就开始传播了。

除了蚊子，苍蝇也会携带原生动物，让人们患上可怕的昏睡病。原生动物会慢慢攻击人的大脑，让患者出现嗜睡的怪异症状。

疟原虫会藏身在血液中，进入人体的肝脏，吸取养分，然后通过侵占红细胞，在人体中不停地繁殖。在疟疾多发的地区，人们会在睡觉时使用蚊帐，预防蚊虫叮咬。

不过，大部分的原生动物是无害的，反而会帮助其他生物呢！

真菌的贡献

真菌在自然界分布广泛，它们中的绝大多数对人类有利。让我们看一看，真菌都做了哪些贡献吧！

有的真菌味道非常鲜美哦！早在几千年以前，蘑菇、木耳等真菌就是中国人餐桌上的"常客"了。

真菌是重要的分解者，可以将生物分解为无机物。这些无机物是土地的营养来源之一，能让土地变得更加肥沃。

茯苓、灵芝也属于真菌，可入药。

食物的加工也离不开真菌。

神奇的酵母能酿造出美味的啤酒。看，酵母遇见麦汁中的糖，会产生酒精和二氧化碳等物质。

把酵母揉进面团里，能帮助面粉变成松软可口的面包。这是因为酵母引起的化学变化会释放二氧化碳，让面团膨胀。

yogurt

真菌的危害

真菌是一种真核生物，包含霉菌、酵母、蕈菌等。有的真菌"乐于助人"，但有的也会带来危害。

不少真菌会带来疾病。

有些真菌是植物健康的"克星"，会引起植物的多种病害。秆锈病菌、叶锈病菌和条锈病菌，会让小麦患上"黄疸病"。一旦感染这些真菌，小麦的生长就会受到严重影响！

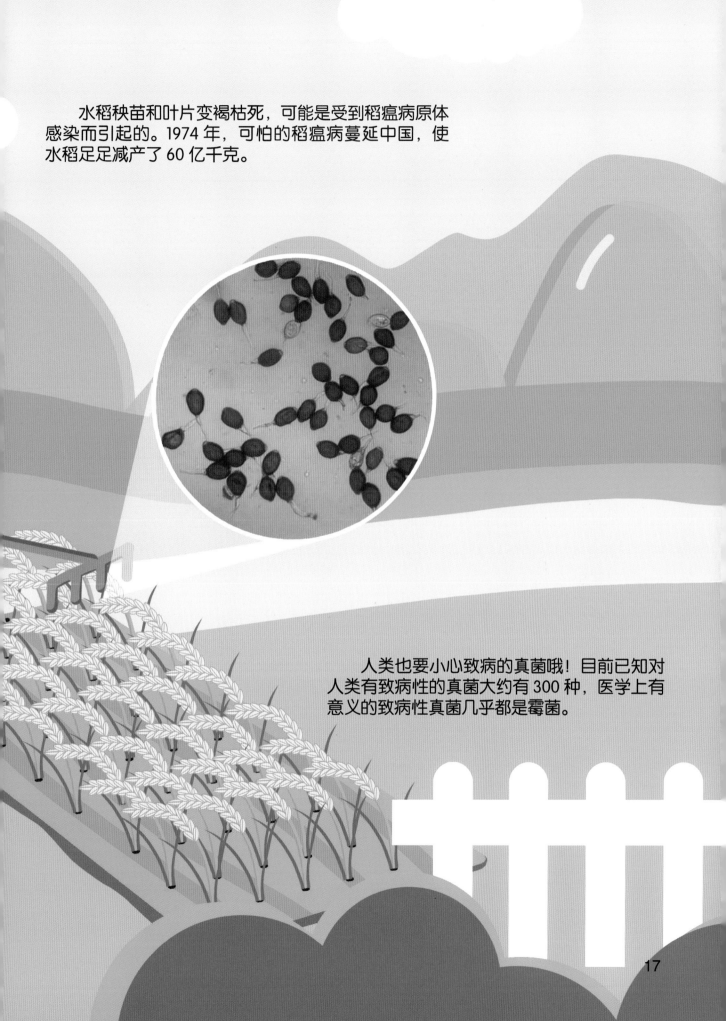

水稻秧苗和叶片变褐枯死，可能是受到稻瘟病原体感染而引起的。1974 年，可怕的稻瘟病蔓延中国，使水稻足足减产了 60 亿千克。

人类也要小心致病的真菌哦！目前已知对人类有致病性的真菌大约有 300 种，医学上有意义的致病性真菌几乎都是霉菌。

病毒、细菌的传播方式

病毒和细菌都是病原体，别看它们个子小，传播威力可不小！

病毒、细菌的形体非常微小，可以通过多种途径进入人体。

病毒是会"飞"的。患者的一个喷嚏，能够让带有流感病毒的飞沫喷得远远的。

我们的手触摸门把手、栏杆、桌椅，会接触到物体表面的细菌。公共设施上有很多细菌，我们触摸后要及时洗手哦！

当有人咳嗽、随地吐痰时，病毒、细菌会趁机跑到空气中。然后，它们再想办法进入其他人的身体里，传播疾病。

人吃生的食物时，细菌会随着食物进入人体中繁殖。

搓一搓，冲一冲，认真洗手，赶跑病毒、细菌！我们不要随便用手摸口鼻、揉眼睛哦！

在疫情期间，我们出门要记得戴口罩。肉类等食物要经过高温烹饪，煮熟后再食用。

免疫系统启动啦

如果病菌进入了人体，身体该怎么办呢？到时我们的免疫系统会启动，抵抗病菌的侵害。

皮肤是免疫系统的第一道防线。它覆盖着我们的全身，就像一道屏障，能够尽量把病菌挡在外面。

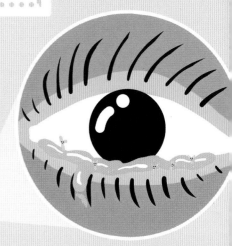

当病菌冲破第一道防线，进入人体，溶菌酶和吞噬细胞就会上场。比如，含有溶菌酶的眼泪可以溶解眼睛里的细菌。

胃里的胃酸也能帮我们杀灭有害的微生物。

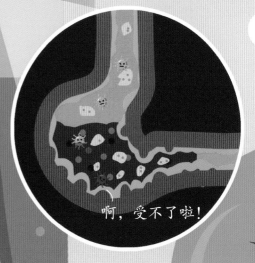

啊，受不了啦！

吞噬细胞组成了一支强有力的战队，和病菌展开搏斗！瞧，这些细胞大口大口地把病菌吞掉。

体内的白细胞还能产生抗体。抗体能够跟病菌中的抗原结合，帮助人体抵抗疾病。

你打疫苗了吗

小朋友，你知道疫苗有什么作用吗？它就像大门上的锁，可以帮助人们抵御病毒的侵袭。

什么是疫苗呢？它们是能够预防某些疾病的制剂。天花病毒曾经威胁了人类很长时间，夺去了无数人的生命。如今，牛痘疫苗彻底消灭了这种病毒，真厉害！

你知道世界上第一支疫苗是什么吗？它就是英国的医生爱德华·詹纳研发的专门针对天花病毒的疫苗。爱德华·詹纳被称为"免疫学之父"。

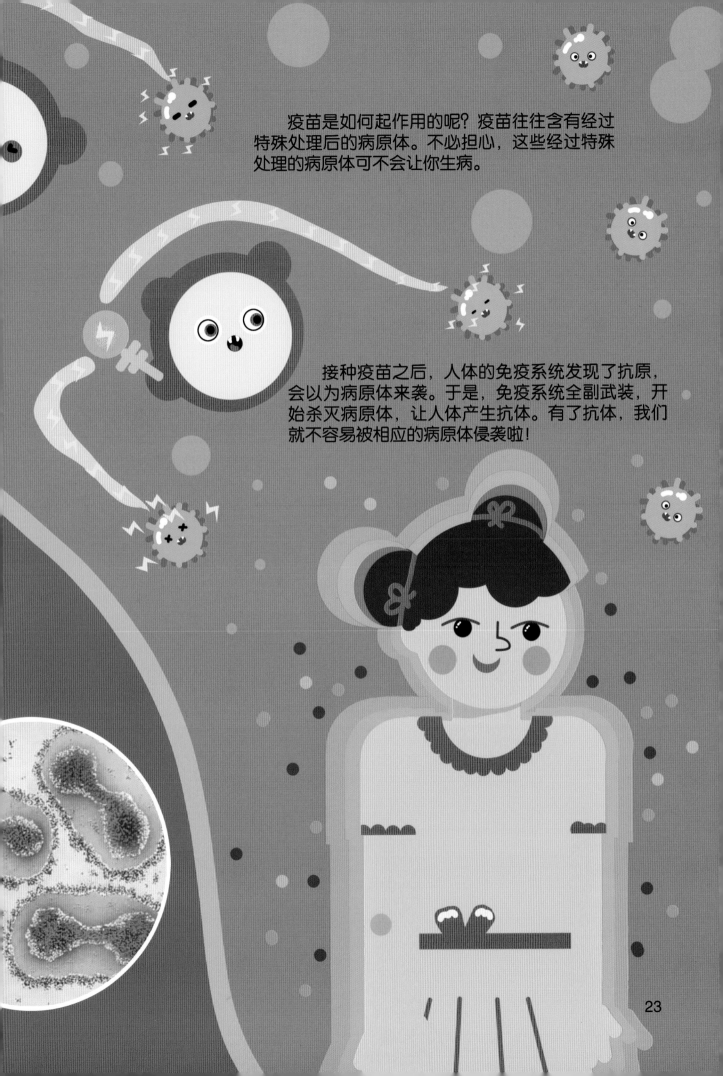

疫苗是如何起作用的呢？疫苗往往含有经过特殊处理后的病原体。不必担心，这些经过特殊处理的病原体可不会让你生病。

接种疫苗之后，人体的免疫系统发现了抗原，会以为病原体来袭。于是，免疫系统全副武装，开始杀灭病原体，让人体产生抗体。有了抗体，我们就不容易被相应的病原体侵袭啦！

抗生素的本领

有时候，我们的免疫系统需要借助外力来战胜疾病。抗生素就是常见的场外帮手。

抗生素是一种化学药物，能够杀死细菌。

谁是世界上第一个发现抗生素的人呢？他是英国的科学家亚历山大·弗莱明。1928 年，弗莱明偶然发现了青霉素。

那天，他观察到有一种霉菌能够通过一种物质，杀死旁边的细菌。这种霉菌就是神奇的青霉菌。弗莱明将青霉菌产生的化学物质命名为"青霉素"。在第二次世界大战中，青霉素被用于医治病人，挽救了许多生命！

后来，科学家发现了各种各样的抗生素。抗生素药膏能够治疗真菌感染。

不过，抗生素不会辨别有害菌和益生菌，常常会"误杀"人体的益生菌，带来副作用，比如腹泻、呕吐、食欲不振……

超级细菌的出现

随着抗生素的使用，有些细菌跟着进化，变成了超级细菌。

超级细菌的个子很大吗？并不是。这里的"超级"指的是它们像超人一样，拥有强大的本事。

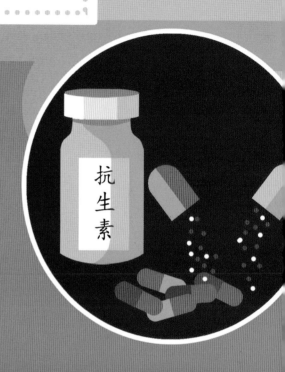

超级细菌的大名是"多重耐药细菌"。它们对多种抗生素产生了抗药性，不怕抗生素，很难被消灭。

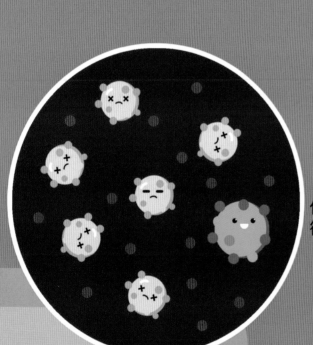

超级细菌是怎么产生的呢？这和滥用抗生素有关。比如，人们在饲料中添加抗生素；人一感冒发烧，就服用抗生素。于是，超级细菌变得越来越强大。

预防超级细菌，我们要注意卫生，多多锻炼身体，增强免疫力。生病的时候，我们可不能乱吃抗生素。

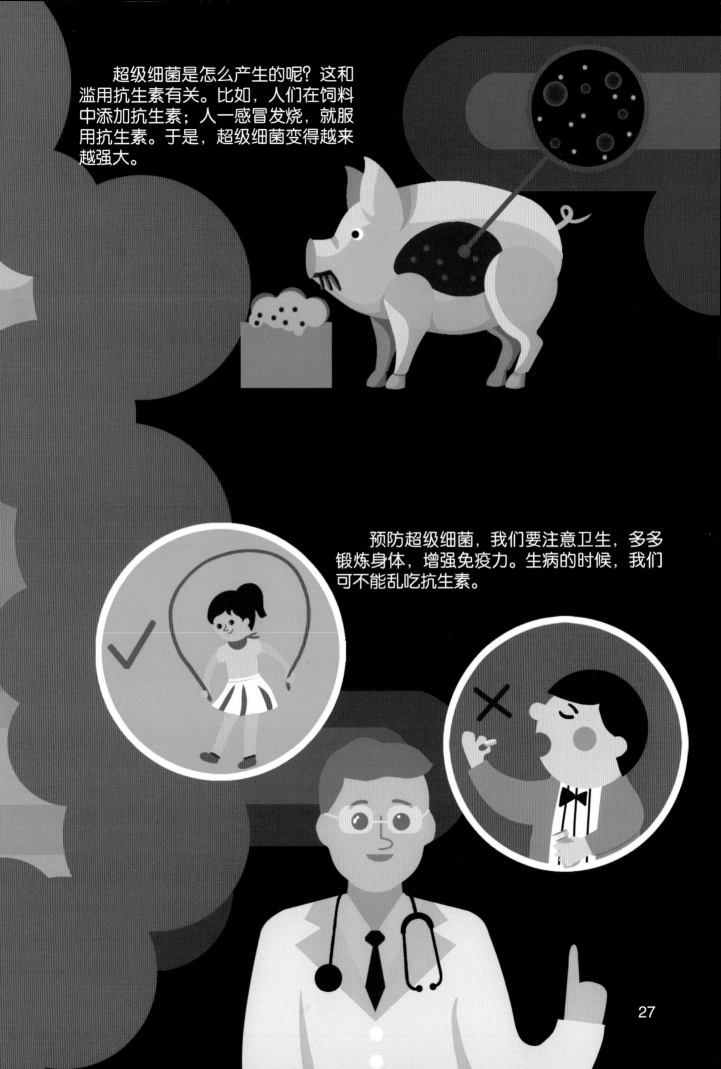

27

责任编辑　陈　云
文字编辑　朱丽莎
责任校对　朱晓波
责任印制　汪立峰

项目策划　北视国

图书在版编目（CIP）数据

揭秘微生物 / 赵霞编著 . -- 杭州 : 浙江摄影出版
社 , 2022.1
（小神童·科普世界系列）
ISBN 978-7-5514-3722-6

Ⅰ . ①揭… Ⅱ . ①赵… Ⅲ . ①微生物—儿童读物
Ⅳ . ① Q939-49

中国版本图书馆 CIP 数据核字 (2021) 第 276967 号

JIEMI WEISHENGWU

揭秘微生物

（小神童·科普世界系列）

赵霞　编著

全国百佳图书出版单位
浙江摄影出版社出版发行
　　　地址：杭州市体育场路 347 号
　　　邮编：310006
　　　电话：0571-85151082
　　　网址：www.photo.zjcb.com
制版：北京北视国文化传媒有限公司
印刷：唐山富达印务有限公司
开本：889mm×1194mm　1/16
印张：2
2022 年 1 月第 1 版　　2022 年 1 月第 1 次印刷
ISBN 978-7-5514-3722-6
定价：39.80 元